うみの　あさい　水の　中

いわや　サンゴなど、すがたを　かくす　ばしょが　すくない　ため、ほかの　生きものの　からだの　下に　かくれたり、ひかりを　りようした　ほうほうで　かくれます。

◀コバンザメ

（『もぐって かくれる』15ページ）

コバンザメは、ジンベイザメなど　じぶんより　大きな　ほかの　生きものの　からだの　下に　もぐって　かくれます。

リーフィーシードラゴン▶

（『かたちを かえて かくれる』29ページ）

リーフィーシードラゴンは、ひらひらと　した　かざりが　からだ中に　あり、およいで　いると、水に　ゆれる　かいそうに　そっくりです。まわりの　けしきに　とけこみ、すがたが　目立ちません。

うみの　そこ

すなや　石に　おおわれて　いるため、すなの　中に　もぐったり、じめんに　ほった　あなに　入って　かくれます。すなや　石に　にた　すがたに　なって　かくれる　ものも　います。

監修のことば

みなさんは、動物と植物のちがいを考えたことがありますか？「動く物」が動物で「動かない物」が植物……ではありません。じつは、水と光と二酸化炭素を使って自分で栄養をつくることができるのが植物、自分では栄養をつくれないのが動物なのです。

動物は植物やほかの動物を食べなければ生きていけないのですから、野山や海にすむ大小いろいろな動物たちは、自分が生きるために、あるいは巣で待っている子どもたちのために、いつも食べものを探しています。小さな動物は大きな動物に狙われている……、でも、自分も自分より小さな動物を狙っている……。まさに“食いつ食われつ”、自然の世界は危険がいっぱいです。

この本では、海にすむ動物たちが上手に姿を隠してくらしているようすを紹介しています。海の動物のほとんどは、みなさんが見なれている動物たちとは形がちがいますね。とても動物とは思えないような形のものも、岩にくっついたままで一生をすごすものもたくさんいます。ほかの動物を一方的に利用するものも、助け合って生きているものもいます。

岩や海藻にそっくりであったり、砂と同じような色をしていたり、穴にもぐったりして身を守る動物が多いのですが、まわりの色に合わせて自分のからだの色を変えられるものも、反対に、「食べるとまずいぞ」と派手な色で身を守るものもいます。上手に隠れることは、自分の身を守るためだけでなく、獲物を捕まえるのにも役立ちます。

この本で学んだことを参考にして、実際に海辺で、水族館で、いろいろな動物たちの形や色と生き方を観察してください。きっと新しい発見があることでしょう。

武田正倫（たけだ　まさつね）

1942（昭和17）年、東京都生まれ。九州大学大学院農学研究科博士課程修了。農学博士。
日本大学医学部生物学教室助手、国立科学博物館動物研究部研究官、主任研究官、第３研究室長、部長、東京大学大学院理学系研究科教授、帝京平成大学現代ライフ学部教授を経て、現在は国立科学博物館名誉館員、名誉研究員、国立感染症研究所客員研究員。
磯やサンゴ礁から深海までにすむさまざまな海産無脊椎動物の分類、生態、発生に興味をもっており、多くの研究論文を発表している。おもな著書に『カニは横に歩くとは限らない』（PHP研究所）、『エビ・カニの繁殖戦略』（平凡社）などの一般書、『さんご礁のなぞをさぐって』（文研出版）、『北のさかな 南のさかな』（新日本出版社）などの児童書、『ポプラディア大図鑑WONDA 水の生きもの』（監修、ポプラ社）、『学研の図鑑LIVE 水の生き物』（総監修、学研プラス）などの図鑑類がある。

うみの かくれんぼ

いろを かえて かくれる

タコ・ヒラメ・イカ ほか

武田正倫●監修

金の星社

うみの　中には　かくれる　ことが　じょうずな　生きものが
たくさん　くらして　います。
この本では、からだの　いろを　かえて　かくれたり、もともとの　からだの
いろを　うまく　つかって　かくれたり　する　生きものを　しょうかいします。

からだの
いろを　かえて
まわりの　けしきに
まぎれる　コウイカ

あかるい
うみの　中で
からだの　かたちが
目立ちにくい
ギンガメアジ

かいそうの
生えた
いわばに　ひそむ
オニカサゴ

ごつごつと　して　いる　うみの　いわば。
なんだか　へんな　かたちの　石（いし）が　あります。

なにが　かくれて　いるのでしょう？

うでの　つけねに　ある
まるい　もよう（わもん）
から　この　名まえが
つけられました。

かくれて　いたのは　ワモンダコと　いう　タコです。
サンゴの　あつまる　ばしょに　すんで、カニや　貝を　たべます。

タコの　なかまは、まわりの　いろに　あわせて
じぶんの　からだの　いろを　かえる　ことが　できます。
いろだけで　なく、からだの　ひょうめんの　ようすも　かえて
じぶんの　いる　ばしょと　おなじような　すがたに　かわります。
こうして　すがたを　目立たなく　して
てきから　みを　まもったり、
えものを　つかまえやすく　して　いるのです。

はじめ、からだは　もともとの
赤っぽい　いろです。

まわりの　石の　いろに　あわせて
白っぽく　かわりはじめました。

ひょうめんも　ごつごつと　して
きて、まわりの　石に　そっくりです。

しずかな　すなぞこを　のぞいて　みると……
ひらべったい　ものが　ねそべって　いるようです。

なにが　かくれて　いるのでしょう？

ヒラメは　からだの　左がわを　上に、右がわを　下に　して　います。

かくれて　いたのは　ヒラメと　いう　さかなです。
いつも　うみの　そこに　はりつくように、
からだを　よこに　たおして　くらして　います。

ふだんは　すなや　どろの　中に　もぐり、あたまだけを　出して
小ざかなや　イカ、エビなどの　えものを　ねらって　います。
ヒラメは　からだの　左がわに　りょうほうの　目が　ついて　いるため、
ねそべって　いる　ときにも　りょうほうの　目で　まわりを　見る　ことが　でき、
べんりです。また、ヒラメは　からだの　いろを　じぶんの　いる　ばしょと　そっくりに
かえる　ことも　できます。こうして　すがたを　目立たなく　して
かりを　しやすく　したり、みを　まもったり　して　いるのです。

かいそうに　おおわれた　いわの　上。
なにかが　じっと　して　います。

なにが　かくれて　いるのでしょう？

かくれて　いたのは　コウイカと　いう　イカです。
もともとは　うすい　赤(あか)ちゃいろの　つるつると　した　からだです。

コウイカは　あたたかな　あさい　うみの　そこで
さかなや　カニを　たべて　くらして　います。
じぶんの　いる　ばしょに　あわせて、
からだの　いろを　さまざまに、いっしゅんで
かえる　ことが　でき、えものに　きづかれずに
ちかづくのに　べんりです。
えものに　ちかづいたら、かくして　いた　ながい
あしを　すばやく　出(だ)して、つかまえます。
すがたを　かくす　ことは、じぶんの　みを
まもるのにも　やくだちます。

まわりの　じめんと　にた　ざらざらと　した
すがたで、えものを　つかまえた　コウイカ。
いろだけで　なく、からだの　ひょうめんの
ようすも　かえる　ことが　できます。

くらい　よるの　うみの　そこ。
いわの　かげに　なにかが　しずんで　います。

なにが　かくれて　いるのでしょう？

かくれて　いたのは　ブダイと　いう　さかなです。

ブダイは　あたたかな　うみの　いわばに　くらし、かいそうなどを　たべて　います。
たべものを　さがして　かつどうする　ひるは、
あざやかな　赤ちゃいろの　からだに　白い　もようが　目立ちます。
よるに　なり、いわなどの　かげに　かくれて　ねむる　ときは、
からだは　くろっぽい　まだらもように　かわります。
この　いろなら、よるの　くらい　うみの　中で　目立たず
てきに　見つかりにくいので、
あんしんして　ねむる　ことが　できるのです。

よるの　ブダイ

ひるの　ブダイ

いろが かわるのは どんな とき？ ❶

からだの いろが かわる うみの 生きものたち。
どんな ときに いろが かわるのでしょうか？

ばしょに あわせて

タコや ヒラメなどは じぶんが いる ばしょに あわせて からだの いろが かわります。
このように、まわりの けしきに とけこんで すがたが 目立たなく なる からだの いろを 「ほごしょく」と よびます。

こうどうに あわせて

クマザサハナムロは もともと からだは ぎんいろで、うみの 中では 青っぽく 見えます。ところが、えものを つかまえようと して こうふんしたり、きけんを かんじて びっくりしたり すると、からだの 下がわが 赤く なります。

えものを つかまえようと する クマザサハナムロ

ひるは なかまと むれで およぎますが、よるは 1ぴきで いわかげに かくれて ねむります。この ときも からだの 下がわが 赤く かわります。いわかげなどの くらい ところでは、青に くらべて 赤は 目立ちにくいのです。

いろが かわるのは どんな とき？ ❷

生きものたちの　からだの　いろが　かわる　りゆうは　ほかにも　あります。おなじ　しゅるいには　見えないほど　いろや　もようが　かわる　ことが　あります。

おとなに　なるとき

せいちょうして　子どもから　おとなに　なる　ときに、からだの　いろが　かわる　しゅるいも　います。
イロブダイは、子どもの　いろは　くっきり　わかれた　赤と　白ですが、おとなに　なると　ぜんたいが　あおみどりいろに　かわります。

子ども

おとな

けっこん　するとき

子そだてを　する　きせつが　ちかづき、生きものたちが　けっこんあいてを　さがす　ときにも　からだの　いろが　かわる　ことが　あります。
オハグロベラの　オスは　ふだんは　きいろっぽいですが、メスを　さがす　ときは　あたまは　くろく、ぜんたいが　きいろの　まだらもように　なります。

ふだんの　オス

メスを　さがす　ときの　オス

たいようの　ひかりが　さしこむ　うみの　中。
かぞえきれない　ほどの　生きものが　います。

なにが　かくれて　いるのでしょう？

かくれて　いたのは　ギンガメアジと　いう　さかなです。
からだ　ぜんたいが　あかるい　ぎんいろで、大きな　目が　目立ちます。

うみの　いわばや　サンゴが　あつまる　ばしょで　くらし、
小ざかなや　エビ、カニなどを　たべます。
ふだんは　大きな　むれを　つくって　およいで　います。
ギンガメアジは、からだの　ひょうめんに　とくべつな　はたらきを　する
とても　小さな　いたを　もって　います。
この　小さな　いたが　うみの　中の　ひかりを　はんしゃすると、
からだの　かたちが　見えにくく　なるのです。
これは　かくれる　ばしょの　ない　うみの　中を　むれで　およぐとき、
てきから　みを　まもるのに　やくだって　います。

ぷくぷく、ぽこぽこ。
水の　中に　うかぶ、
たくさんの　あわつぶみたいです。

なにが　かくれて　いるのでしょう？

かくれて　いたのは
タコクラゲと　いう
クラゲです。
かたちが　タコに
にて　いる　ことから
この　名まえが
つけられました。

あたたかい　うみの　水めん　ちかくを、水の　ながれに　のり
ふわふわと　ただよって　くらして　います。
クラゲの　なかまは　からだが　すきとおって　いるので、
水の　中では　まわりの　けしきに
とけこんで　すがたが　目立たず、
てきに　見つかりにくく　なります。
うみの　中には、クラゲの　ように
すきとおった　からだで
すがたを　目立たせずに　くらす
生きものが　ほかにも　います。

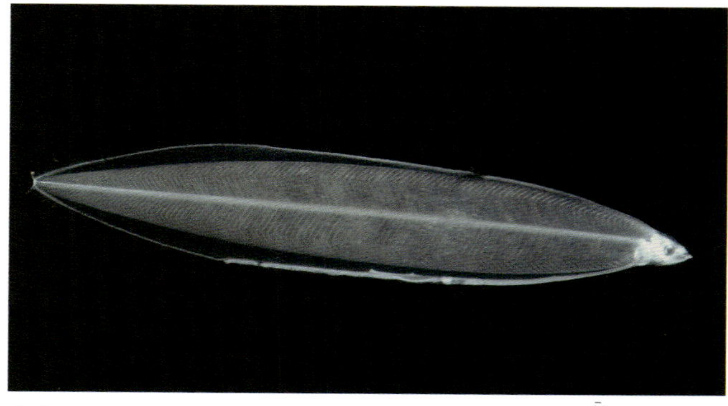

ふかい　うみで　くらして　いる　ウナギの　子どもも、
からだが　すきとおって　います。

テーブルみたいな　サンゴの　上に、
ひらたい　なにかが　ぺたんと　のって　います。

なにが　かくれて　いるのでしょう？

かくれて　いたのは　アラフラオオセと いう　さかなです。

うみの　そこで　くらす　サメで、ほかの さかななどを　たべます。大(おお)きな　口(くち)で ほかの　サメの　なかまを　まるのみに する　ことも　あります。
ひらたい　からだには　こまかい　もようが あり、じっと　して　いると　サンゴに そっくりです。また、口(くち)の　まわりは もじゃもじゃと　ひげが　生(は)えたように なって　います。この　もじゃもじゃが 大(おお)きな　口(くち)もとを　かくし、ますます すがたが　目立(めだ)たなく　なります。

ひるは　うみの　そこや、サンゴの　上(うえ)で　えものが ちかづいて　くるのを　まちぶせます。

よるは　およぎまわって　えものを　さがします。

きいろい　かいそうのように　見えるのは
サンゴの　なかま。
この中に　そっくりさんも　まぎれて　います。

なにが　かくれて　いるのでしょう？

まっ赤な　からだの　トガリモエビの
なかま

かくれて　いたのは
トガリモエビの　なかまです。

トガリモエビの　なかまには　たくさんの
しゅるいが　います。どれも　先が　とがった
ほそながい　かたちを　した　エビですが、
きいろっぽい　からだに　くろい　しまもようが
ある　もの、からだ　ぜんたいが
まっ赤な　ものなど　しゅるいに　よって
いろは　さまざまです。
どれも　うごかずに　じっと　して　いると
すみついて　いる　サンゴに　そっくりです。
こうして　まわりの　けしきに　とけこむと、
てきに　ねらわれにくく　なります。

赤い　かいそうの　生えた　いわば。
いわに　そっくりな　生きものが　じっと　して　います。

なにが　かくれて　いるのでしょう？

からだの　いろは　赤や　オレンジいろ、
ちゃいろっぽい　ものなど　さまざまです。

かくれて　いたのは　オニカサゴと　いう　さかなです。
たくさんの　出っぱりが　ある　ごつごつと　した　からだは
いわや　サンゴに　そっくりです。

うみの　いわばや　サンゴの　あつまる　ばしょで
くらし、小ざかなや　エビ、カニなどを
たべます。えものを　さがして
うごきまわる　ことは　すくなく、ふだんは　うみの
そこや　いわばに　じっと　かくれて　えものが
ちかづいて　くるのを　まちつづけます。
このとき　いわに　そっくりな　からだは、
すがたを　かくすのに　べんりです。
えものが　ちかづくと、口を　大きく　ひらいて
ぱくりと　まるのみに　して　しまいます。

大きく　口を　あけた　オニカサゴ

えものを　まつ、いわに　そっくりな　オニカサゴ

そっくりコレクション

ほかの　生きものに　そっくりな　すがたを　りようして
えものを　とったり、みを　まもったり　する　生きものが　います。

ニセクロスジギンポ

ニセクロスジギンポと　いう　さかなは、いろも　かたちも　およぎかたも、ホンソメワケベラと　いう　さかなに　そっくりです。ホンソメワケベラは　さかなの　からだを　きれいに　する「そうじや」で、大きな　さかなにも　おそわれません。ニセクロスジギンポは、ホンソメワケベラに　にて　いる　ことを　りようして、さかなに　ちかづき　ひふを　かじります。

上に　いるのが　ニセクロスジギンポ、
下に　いるのが　ホンソメワケベラ

口を　あけて　ホンソメワケベラに　そうじして
もらう　ヒョウモンウツボ

シモフリタナバタウオ

シモフリタナバタウオと　いう　さかなには、せびれに　目玉もようが　あります。いわあなに　あたまから　にげこみ、この　目玉もようが　見えて　いると、すあなから　かおを　出した　ハナビラウツボに　そっくりです。つよい　生きものに　にせる　ことで、おそわれにくく　なるのです。

ハナビラウツボ

いわかげに　かくれる　シモフリタナバタウオ。大きな　目の　ように　見えるのは、せびれに　ある　もようです。

木(き)の　えだの　ように　見(み)える　サンゴの　なかまに、
そっくりさんが　かくれて　います。

なにが　かくれて　いるのでしょう？

かくれて　いたのは　ピグミーシーホースと
いう　さかなです。タツノオトシゴの
なかまで、とても　小さな　からだです。

ピグミーシーホースは　サンゴの　なかまに　おを
しっかりと　まきつけて、うみの　中を　ただよう
小さな　生きものを　たべて　くらして　います。
すみついて　いる　サンゴに　そっくりの　いろを
して　いますが、からだ　ぜんたいに　ぶつぶつの
出っぱりが　あり、いろだけで　なく　かたちも
そっくりです。大きさも　とても　小さいので、
うみの　中で　見つけるのは　たいへんです。
この　すがたなら　てきに　見つかりにくいでしょう。

さかなとは　おもえないような
かわった　かたちを　して　います。

さまざまな　いろの　ピグミーシーホースが　います。

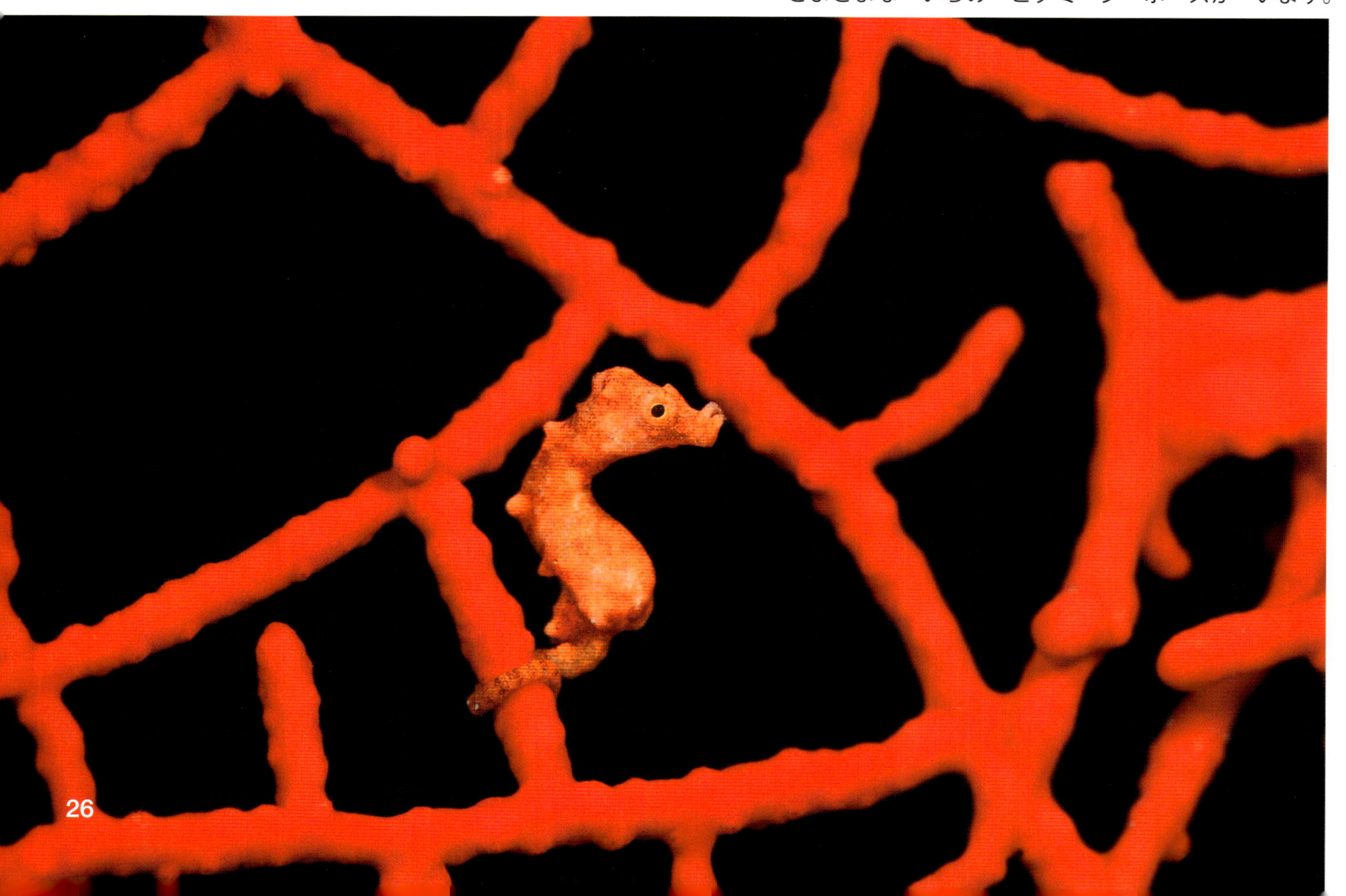

いそに　たくさんの　石が　ころがって　います。
石ばかりに　見えますが、
ここにも　うみの　生きものが　かくれて　います。

なにが　かくれて　いるのでしょう？

こうらが　おうぎ（せんす）の
ような　かたちを　して　います。

まえの　ページの　しゃしんの　中には、６ぴきの　オウギガニが　かくれて　いました。

かくれて　いたのは　オウギガニと　いう　カニです。

いその　石が　たくさん　ころがって　いる
ばしょに　くらして　います。
からだは　くろっぽく、白や　くろの
はんてんもようが　あるので、じっと　して
いると　石に　そっくりです。
すがたが　目立たないので、てきに
ねらわれにくく　なります。
また、みの　きけんを　かんじると
あしを　ちぢめて　しんだ　ふりを　します。

しんだ　ふりを　する　オウギガニ

むらさきいろの　ほそながい　つつが　あつまって　います。
これは　カイメンと　いう　生きもの。
あれ？　よく　見ると　カイメンに　よく　にた
べつの　生きものが　まじって　います。

なにが　かくれて　いるのでしょう？

かくれて　いたのは　オオモンカエルアンコウです。
かわった　すがたを　して　いますが、さかなです。

カイメンに　じっと　つかまる
オオモンカエルアンコウ。
まるで　カイメンの　いちぶの
ように　見えます。

カエルアンコウの　なかまの　からだは　みじかく、ずんぐりと　して　います。
ほかの　さかなと　ちがって　およぐ　ことは　にがてです。
しっかりと　した　むなびれと　はらびれを、まるで　手の　ように　つかって
うみの　中を　ゆっくり　あるきます。

オオモンカエルアンコウは　カエルアンコウの　なかまの　中で　いちばん　大きく、
サンゴや　カイメンの　あつまる　ばしょに　すんで　います。
いろや　もようは　さまざまですが、その　すがたは　すみかに　して　いる
サンゴや　カイメンに　そっくりです。
まわりに　とけこむ　目立たない　すがたで　えものを　ゆだんさせて　つかまえます。

ぎじえを　うごかして　小ざかな（メジナ）を　おびきよせる　カエルアンコウの　なかま

カエルアンコウの　なかまは、あたまに
せびれが　へんかして　できた
かざり（ぎじえ）が　ついて　います。
カエルアンコウは　この　ぎじえを
つかって　えものを　おびきよせます。

ぎじえを　ひらひらと　うごかすと
まるで　小さな　生きものが　いるように
見えるので、小ざかなが
ちかづいて　きます。
カエルアンコウは、ちかづいて　きた
小ざかなを　すばやく　まるのみに　して
しまいます。

あたまから　ぱくっと　のみこんで　しまいます。

“色”を味方に姿を隠す生きものたち

みなさんは運動したり、お風呂に入ったり、とても緊張したりしたときに、顔やからだの色が赤くなることがあるでしょう。でも、ヒトの場合は、色が変わったことで姿が見えにくくなるようなことはありません。ところが、海の生きものたちの中には、からだの色（体色）を自由に変えたり、もともとの体色を利用して、周囲の景色に溶け込み、姿を隠しているものがたくさんいます。

タコやイカのなかまは、体色だけでなく表面のようすまで自由に変えることができます。ごつごつとした石の上にいるタコは、からだの色を石そっくりに変えるとともに、平らだった表面もぶつぶつに変化させ、石と見分けがつかない姿に変身します。ヒラメやブダイなどの魚も体色を変化させることで姿を隠しています。海の砂底に張りつくような姿でくらすヒラメは、平たいからだつきに加えて体色を砂そっくりに変化させ、まるで砂底の一部のようです。

もともともっている自分の体色を利用して姿を隠す生きものもいます。平らなサンゴの上で獲物を待つアラフラオオセのからだには細かいまだら模様があり、サンゴの色に溶け込んでその姿はほとんど目立ちません。トガリモエビやオニカサゴ、ピグミーシーホース、オウギガニやカエルアンコウなども、もともとの体色をうまく利用して海の景色に溶け込み、姿を隠しています。

また、海の中に差し込む光を上手に利用して姿を目立たなくするギンガメアジや、透き通ったからだのクラゲのなかまも、姿を隠すのに色を利用しているといえるでしょう。

海にはいろいろな種類の生きものがくらしており、種類によってからだの色はさまざまです。身を守るため、獲物を捕まえやすくするため、安心して眠るため……、海の生きものたちが、それぞれの理由で姿を隠そうとするとき、“色”は強力な武器になるのです。

うみの かくれんぼシリーズ 全3巻

武田正倫 監修

海の生きものは、姿を隠す名人です。身を守るため、獲物を捕まえるためなど、隠れる理由はいろいろ。隠れ方から、海の生きものたちのくらしぶりが垣間見えます。さらに、生きもの同士のかかわり合いや、生態のくわしい知識なども理解することができます。見返しでは、海の生きものたちの生息環境を紹介しています。

もぐって かくれる

ハマグリ・メガネウオ・アサヒガニ ほか

第1巻

貝殻のすき間から出したあしを使って砂にもぐるハマグリ、からだをゆすりながら海の底にもぐり獲物を待ち構えるメガネウオ、後ろあしで掘った砂底にもぐり身を隠すアサヒガニなど、何かにもぐって隠れる、海の生きものたちを紹介します。

ハマグリ／メガネウオ／オニイソメ／アサヒガニ／カクレウオ／コバンザメ／クマノミ／カンザシヤドカリ／カモメガイ／トウシマコケギンポ／ウミヘビ／イエローヘッド・ジョーフィッシュ

いろを かえて かくれる

タコ・ヒラメ・イカ ほか

第2巻

岩場やサンゴなどとそっくりな色になり景色に溶け込むタコ、平たいからだを海の底の色に変えて隠れるヒラメ、あっという間にまわりの環境と似た色に変わり姿を隠すイカなど、色の効果によって隠れる、海の生きものたちを紹介します。

タコ／ヒラメ／イカ／ブダイ／アジ／クラゲ／アラフラオオセ／トガリモエビ／オニカサゴ／ピグミーシーホース／オウギガニ／カエルアンコウ

かたちを かえて かくれる

モクズショイ・タコノマクラ・キメンガニ ほか

第3巻

からだに海藻などをつけて姿を変えるモクズショイ、全身のとげに落ち葉などをくっつけて身を隠すタコノマクラ、ヒトデやウニを背負って別の生きものに姿を変えて見せるキメンガニなど、形の効果によって隠れる、海の生きものたちを紹介します。

モクズショイ／タコノマクラ／ヨロイイソギンチャク／ソメンヤドカリ／キメンガニ／カイカムリ／ミミックオクトパス／タカラガイ／カミソリウオ／ナンヨウツバメウオ／イソコンペイトウガニ／リーフィーシードラゴン

※「うみの かくれんぼ」シリーズでは、基本的に生きものの名前を種名で紹介しています。和名については、もっとも一般的なものを採用しました。「タコ」のようにグループ名（分類群名）のほうが親しまれているものは、グループ名も同時に紹介し、その特徴も解説しています。

■編集スタッフ
編集：アマナ／ネイチャー＆サイエンス（室橋織江）・菅原千聖
写真：アマナイメージズ
文：菅原千聖
装丁・デザイン：鷹觜麻衣子

うみの かくれんぼ
いろを かえて かくれる タコ・ヒラメ・イカ ほか
初版発行 2017年3月 第14刷発行 2025年1月

監修 武田正倫
発行所 株式会社 金の星社
〒111-0056 東京都台東区小島1-4-3
TEL 03-3861-1861（代表） FAX 03-3861-1507
振替 00100-0-64678 ホームページ https://www.kinnohoshi.co.jp
印刷 株式会社 広済堂ネクスト
製本 東京美術紙工

NDC481 32ページ 26.6cm ISBN978-4-323-04172-8

どこに すんで いるのかな？

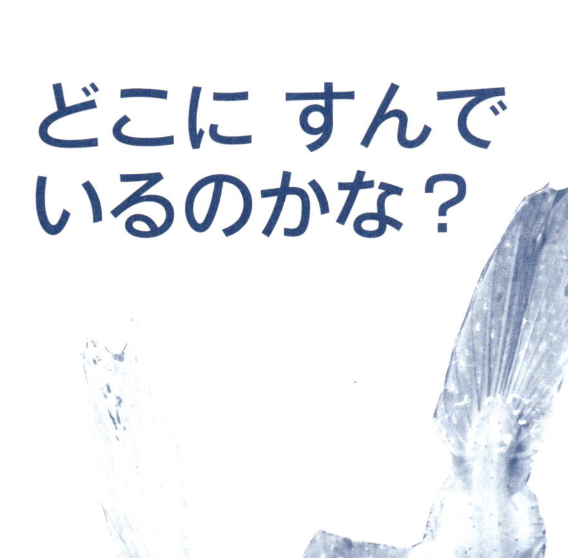

うみの　あさい
水の　中

◀カミソリウオ

（『かたちを かえて かくれる』21 ページ）

カミソリウオは、もともと　かいそうに　そっくりな
かわった　すがたを　して　います。
なみの　うごきに　あわせて　ゆらゆらと　およぐと、
まるで　かいそうのようで　すがたが　目立ちません。

うみの　そこ

メガネウオ▶

（『もぐって かくれる』5 ページ）

メガネウオは、あたまの
上の　ほうに　ついた
目と　口だけを　すなから　出し、
からだは　ぜんぶ　すなの　中に
もぐって　かくれます。